Nadja Lachmund

Fertigungs- und Betriebsmittelkonstruktion

Konstruktion einer Bohrvorrichtung

GRIN Verlag

Bibliografische Information der Deutschen Nationalbibliothek:

Die Deutsche Bibliothek verzeichnet diese Publikation in der Deutschen National-
bibliografie; detaillierte bibliografische Daten sind im Internet über http://dnb.d-
nb.de/ abrufbar.

Impressum:

Copyright © 2009 GRIN Verlag GmbH
Druck und Bindung: Books on Demand GmbH, Norderstedt Germany
ISBN: 978-3-640-37565-3

Fertigungs- und Betriebsmittelkonstruktion

Hochschule für Technik und Wirtschaft Berlin (FHTW - Berlin)
Fernstudium Maschinenbau

Bearbeiter: Nadja Lachmund

Abgabedatum: 08. Juni 2009

Inhaltsverzeichnis   **Seite**

Abbildungsverzeichnis

Tabellenverzeichnis

1   Aufgabenstellung

In das Werkstück in Abbildung 1 sind sechs Bohrungen einzubringen:

- vier vertikale Bohrungen

- zwei horizontale Bohrungen

mit jeweils einem Ø 12mm und einer Allgemeintoleranz nach DIN ISO 2768 von +/- 0,2mm.
Es gelten die auf der Zeichnung angegebenen Toleranzen.

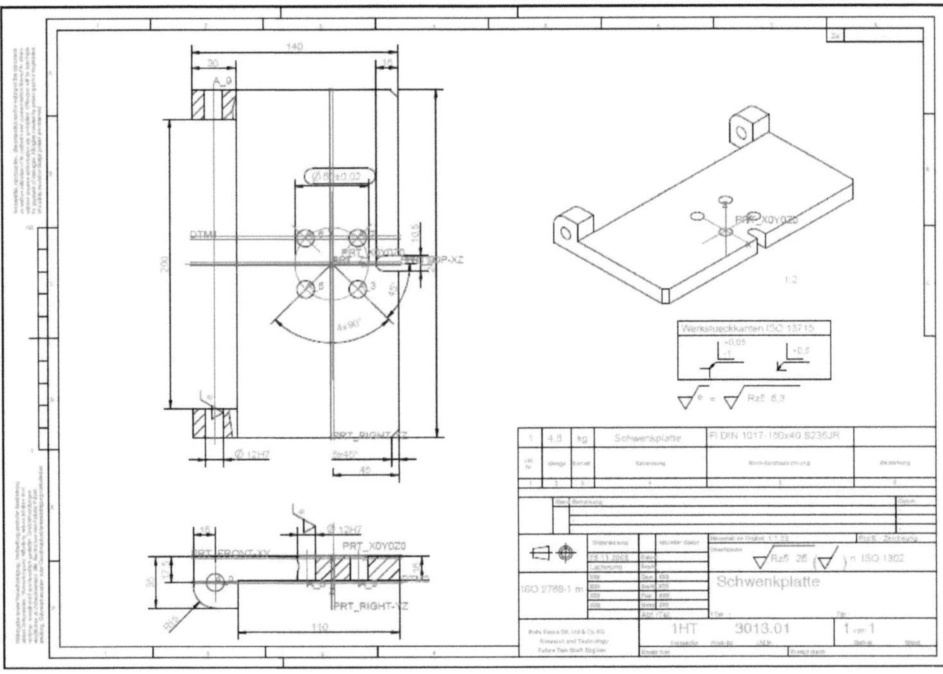

Abbildung 1: Werkstück gemäß Aufgabenstellung (A3 Zeichnung im Anhang)

Das zu bohrende Werkstück soll in einer Stückzahl von 250 Stück die Woche hergestellt werden. Es sollen keine Mehrfachvorrichtungen benutzt werden und das Halten der Vorrichtung soll mit der Hand erfolgen. Das Bohren soll möglichst ohne Umspannen des Werkstückes von statten gehen.

Eine folgend beispielhaft aufgezählte Auswahl technischer sowie wirtschaftlicher Erfordernisse ist gemäß den Konstruktionsrichtlinien (VDI 2221) zu beachten:

- technische Erfordernisse:
  - sind Forderungen hinsichtlich zulässiger Spannungen und Formänderungen zu erwarten?
  - Korrosionseffekte?
  - Korrosionsschutz?
  - ist die Vorrichtung leicht montierbar?
  - ist für rotierende Vorrichtungen eine Auswuchtmöglichkeit vorgesehen?
  - sind Verschleißteile relativ leicht auswechselbar und ggf. leicht aufzuarbeiten?
  - wird gegebenenfalls an das genaue und schnelle Führen bzw. Einstellen der Werkzeuge gedacht?
  - sind die Zeichnungen normgerecht und eindeutig lesbar?

- wirtschaftliche Erfordernisse:
  - werden soweit wie möglich standardisierte Vorrichtungen bzw. genormte Vorrichtungselemente berücksichtigt?
  - entspricht der zu betreibende Aufwand der Fertigungsstückzahl?
  - kann die Vorrichtung schnell bedient werden (Spannen, Entspannen, Einlegen und Herausnehmen des Werkstückes)?

Zusätzlich müssen bei der Konstruktion einer Bohrvorrichtung die Arbeitssicherheit und die Arbeitserleichterung unter den folgenden Aspekten berücksichtigt werden:

  - sichere Bedienung?
  - lässt sich die Vorrichtung während der Bedienung gut sauber halten?
  - sind lose Vorrichtungselemente möglichst vermieden worden?

2   Technisches und wirtschaftliches Konzept

2.1   Technisches Konzept

Es gelten folgende Voraussetzungen:

Das Grundmaterial der Bohrvorrichtung ist 90MNCRV8 (Werkzeugstahl). Es ist kostengünstig mit mittelhohen Ansprüchen für den Werkzeugbau (verzugsarm, härtbar).

Das zu bohrende Werkstück besteht aus 11SNM30 (schwefelhaltig – spanbrechend) und ist bis auf die zu bohrenden Löcher gefertigt. Es gelten Allgemeintoleranzen.

Die sechs Löcher sind gemäß Analyse mittels bohren/ vorbohren und mit einer Bohrvorrichtung einzubringen.

Die gewählten Varianten der Bohrvorrichtung werden mittels morphologischer Analyse bewertet.[1] Die morphologische Analyse erfasst komplexe Problembereiche vollständig und betrachtet mögliche Lösungen vorurteilslos.

---

[1] vgl. Ehrlenspiel, K., Kiewert, A., Lindemann, U.; Kostengünstig Entwickeln und Konstruieren: Kostenmanagement bei der integrierten Produktentwicklung, VDI-Buch, Springer Verlag, Berlin, 6., überarb. u. korr. Aufl., 2007, S. 71

Tabelle 1:technische Iststandanalyse mit Morphologischem Kasten

zu realisierende Teilfunktion	Möglichkeiten		
Vorrichtungsformen	geschlossene Form ◆	offene Form ◇ ◆	
Vorrichtungsteile austauschbar	nicht austauschbar	bedingt austauschbar ◇ ◆	komplett austauschbar ◆
Lebensdauer Vorrichtung (Standzeit)	gering ◇	mittel ◆	hoch ◆
Lagerbestimmung in einer Ebene	plan ◇ ◆ ◆	Sockelauflage	Leistenauflage
Lagebestimmung über Elemente	Aufnahme durch vorhandene Bohrungen	Aufnahme über Nuten, Stufen etc. ◇ ◆ ◆	
Lagebestimmung über Außenkonturen	Bezugskanten der Bemaßung ◆	Aufnahmekonturen (Kreistasche etc.) ◇ ◆	
Spannen des Werkstückes	manuell ◇ ◆ ◆	automatisch	
Vorbohren/ Bohren	mit Vielfachwerkzeug	mit Einzelwerkzeug ◇ ◆ ◆	
Bohrbuchsenwechsel	mit Wechsel	ohne Wechsel ◇ ◆ ◆	
Späneabfuhr	Absaugung	über Bohrbuchse ◇ ◆ ◆	Abführung in Arbeitspause ◇ ◆ ◆
Gehäuseart	kastenförmig/ stoffschlüssig ◇ ◆	U-förmig/ stoffschlüssig	kastenförmig/ verschraubt ◆
Kühlmittelabführung	freier Weglauf	Absaugung ◇ ◆ ◆	Reinigung nach Bohrvorgang ◇ ◆ ◆

◇ Variante 1   ◆ Variante 2   ◆ Variante 3

2.1.1   Analyse und Auswertung

Für die Fragestellung wurden bestimmende Merkmale im morphologischen Kasten festgelegt. Hierbei wurde darauf geachtet, dass die Merkmale unabhängig voneinander und in Hinblick auf die Aufgabenstellung auch umsetzbar sind. Dann wurden alle möglichen Ausprägungen des jeweiligen Merkmals rechts daneben geschrieben. So entstand eine Matrix, in der jede Kombination von Ausprägungen aller Merkmalen eine theoretisch mögliche Lösung ist. Danach wurde aus jeder Zeile eine Ausprägung des Merkmals gewählt, wodurch eine Kombination von Ausprägungen entstanden ist.

Im Anschluss wurden die erfolgsversprechenden Varianten gewählt. Dem Bearbeiter erscheinen dabei alle drei entwickelten Varianten als erfolgsversprechend für die Konstruktion. Ausgehend von der Lösung werden somit die in den folgenden Kapiteln vorgestellten Varianten konstruiert.

Die im Morphologischen Kasten festgelegten Varianten werden dann im Kapitel 4 mit Hilfe der Nutzwertanalyse beurteilt. Diese führt unter den gegebenen Rahmenbedingungen zu einer optimalen Lösung, da sie alle Kriterien wie Kosten, Funktions- und Betriebssicherheit mit einbezieht.[2]

---

[2] vgl. Theumert, H.; Fleischer, B.: Entwickeln, Konstruieren, Berechnen: Komplexe praxisnahe Beispiele mit Lösungsvarianten. Studium 2., Vieweg+Teubner Verlag, Wiesbaden, verb. Aufl. XIII, 2009 S. 4

3 Konzept-/ Prinzip-Varianten

3.1 Variante 1

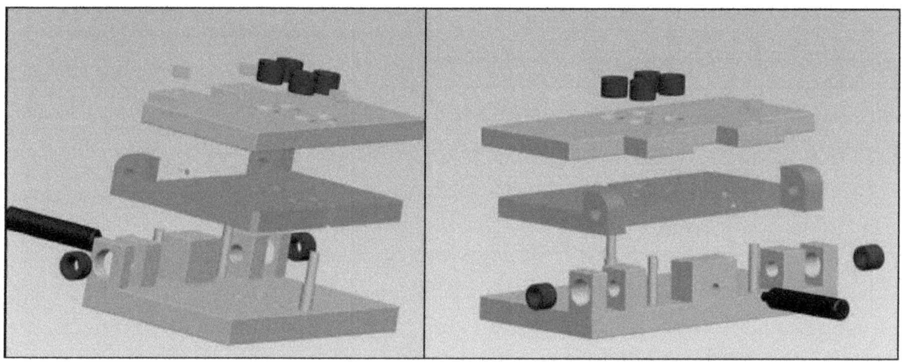

Abbildung 2: zeichnerische Darstellung Variante 1- Explosionsansicht (Ansicht 1 & 2)

In Abbildung 3 ist die geschlossene Bohrvorrichtungsform zu sehen.

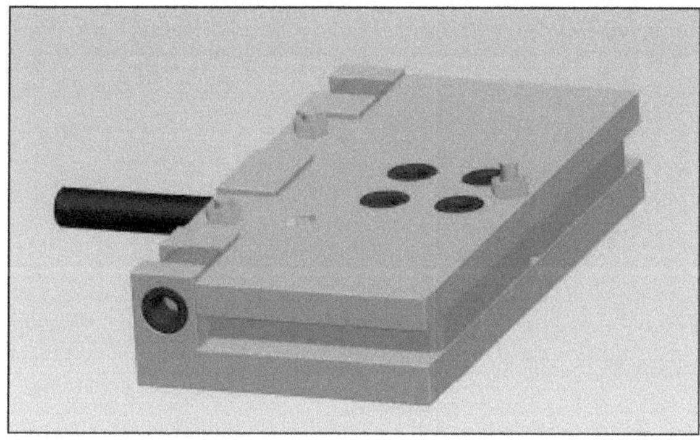

Abbildung 3: zeichnerische Darstellung Variante 1 - geschlossene Bohrvorrichtung

3.2   Variante 2

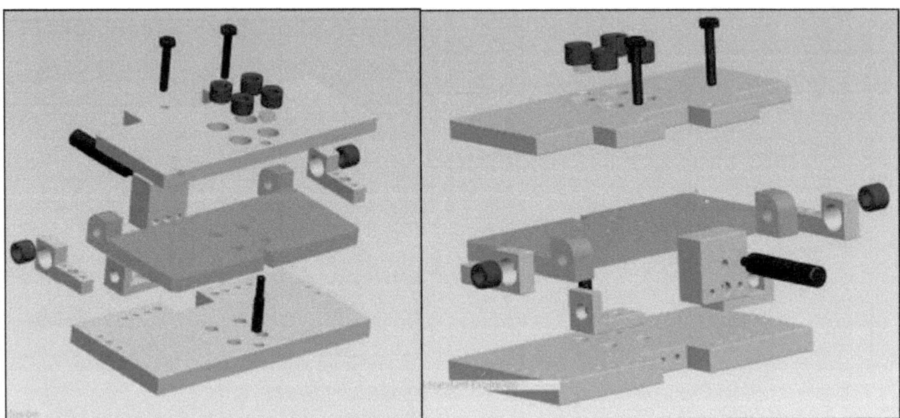

Abbildung 4: zeichnerische Darstellung Variante 2- Explosionsansicht (Ansicht 1 & 2)

In Abbildung 5 ist die geschlossene Bohrvorrichtungsform zu sehen.

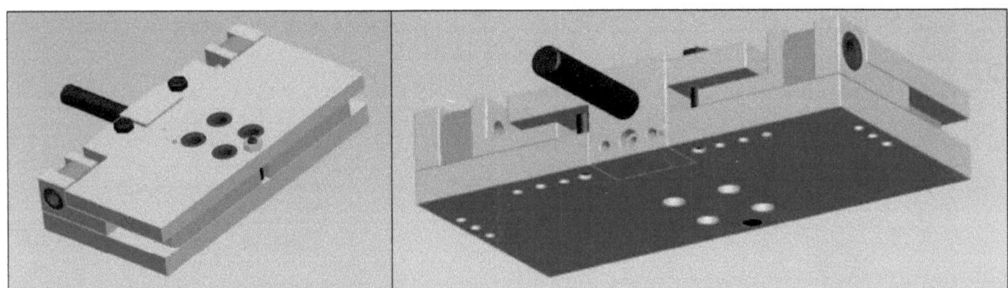

Abbildung 5: zeichnerische Darstellung Variante 2 - geschlossene Bohrvorrichtung

3.3   Variante 3

Bei Variante 3 wird aufgrund der wenigen Bauteile auf die Explosionsansichten verzichtet.

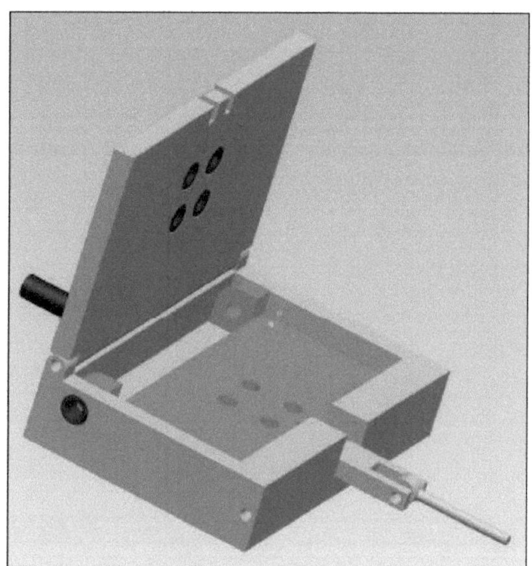

Abbildung 6: zeichnerische Darstellung Variante 3 - offene Bohrvorrichtung

In Abbildung 7 ist die geschlossene Bohrvorrichtungsform zu sehen.

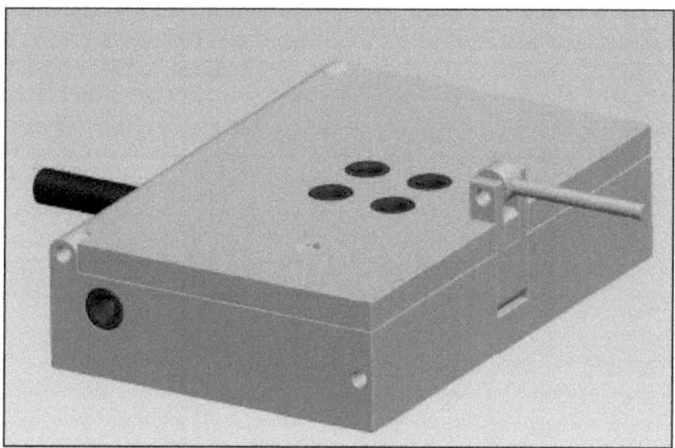

Abbildung 7: zeichnerische Darstellung Variante 3 – geschlossene Bohrvorrichtung

4   Bewertung der Konzept-/ Prinzip-Varianten

Im abschließenden Schritt erfolgt eine Variantenbewertung mittels Nutzwertanalyse und aus der Aufgabenstellung abgeleiteten Bewertungskriterien (siehe Tabelle 2).

Der Bewertungsvorgang ist folgender:

- Eintragung der Bewertungskriterien
- Relative Wichtung der Bewertungskriterien zueinander (mit Faktor f: hier Bedienbarkeit 1,0 gesetzt, die übrigen Bewertungskriterien dazu verhältnismäßig gewählt)
- Vergabe von Wertepunkten je Bewertungskriterium und Variante (hier 1-5) für die jeweilige Erfüllung des Bewertungskriteriums durch Variante
- Multiplikation wxf
- Summenbildung der Punkte je Variante
- Auswertung[3]

Tabelle 2: Variantenbewertung mittels Nutzwertanalyse der aus der Aufgabenstellung abgeleiteten Bewertungskriterien

Nr.	Bewertungskriterium	f	Variante 1		Variante 2		Variante 3	
			W	fxW	W	fxW	W	fxW
1	Bedienbarkeit	1.0	2,0	2,0	2,0	2,0	4,0	4,0
2	Durchlaufzeit pro Werkstück	1,0	1,0	1,0	2,0	2,0	3,0	3,0
3	Werkstückspositionierung in der Bohrvorrichtung	1,0	4,0	4,0	4,0	4,0	4,0	4,0
4	Fertigungsaufwand für die Bohrvorrichtung	0,6	5,0	3,0	3,0	1,8	1,0	0,6
5	Fertigungsmöglichkeit	1,0	5,0	5,0	4,0	4,0	4,0	4,0
6	Materialaufwand	0,8	4,0	3,2	4,0	3,2	3,0	2,4
7	Standzeit	1,0	2,0	2,0	5,0	5,0	2,0	2,0
8	Wartungsmöglichkeiten	1,0	1,0	1,0	5,0	5,0	2,0	2,0
				21,2		**27,0**		**22,0**

Vorgabe 1 bis 5 Punkte für W (0 Punkte entfällt, da Variante damit unzulässig)

---

[3] vgl. Götze, U./Bloech, J.: Investitionsrechnung: Modelle und Analysen zur Beurteilung von Investitionsvorhaben. Berlin, Heidelberg, New York: Springer Verlag Berlin, 3. verb. und erw. Auflage, 2002, S. 181 sowie Bechmann A.: Nutzwertanalyse, Bewertungstheorie und Planung (Beiträge zur Wirtschaftspolitik; Bd. 29). Bern, Stuttgart: Haupt,1. Auflage, 1978, S. 26 f. und N. N.: Nutzwertanalyse online unter URL: http://rpkalf4.mach.uni-karlsruhe.de/~paral/MAP/ nnutzwertanalyse_b.html (Stand: 11.06.2009)

Die Nutzwertanalyse ergibt, dass es sich bei Variante 2 um die beste Konzept-Prinzip-Variante handelt. Diese ist Grundlage des anschließenden Vorrichtungsentwurfes/ der Vorrichtungsgestaltung.

4.1 Kurzbeschreibung Variante 2

4.1.1 Funktionsprinzip

Eine Bohrvorrichtung erlaubt schnelles Bohren von Werkstücken, ohne das einzelne Werkstück einzeln immer neu ausmessen und angezeichnet werden müssen.

Arbeitsablauf ohne Bohrvorrichtung:

- Anreißen
- Körnen
- Positionieren
- Bohren

Vorteile einer Bohrvorrichtung sind, dass Anreißen und Körnen entfallen und eine einfache und exakte Positionierung ist mit wenig Arbeitsaufwand möglich ist. Außerdem können durch eine Bohrvorrichtung mehr Werkstücke in kürzester Zeit bearbeitet werden, indem man das Werkstück einfach in die passende Bohrvorrichtung einlegt und die vorgegebenen Bohrpositionen allesamt nacheinander ab bohrt. Bohrvorrichtungen zu fertigen lohnt sich zumeist für die Serienfertigung oder Kleinserien, wobei aber diese Unterscheidung sehr variabel ist. Eine Bohrvorrichtung ist aber auch unverzichtbares Hilfsmittel, um eine Arbeit durchzuführen, deren Qualität anders nicht gewährleistet werden kann.[4]

Ausgehend von diesen Prämissen, wurde die Funktionsweise und das Fertigungsprinzip entwickelt.

Das Werkstück wird auf die Grundplatte gelegt und über die seitlichen Aufnahmen sowie den Zentrierbolzen fixiert. Dann wird die Bohrplatte aufgelegt und über das Anschlagstück und den Zentrierbolzen in der richtigen Lage fixiert. Danach werden Bohrplatte und Grundplatte verschraubt und das Werkstück zwischen Grund und Bohrplatte gespannt.

Auf einer Ständerbohrmaschine mit eingespannten 12mm Bohrer werden die vier Löcher über die Bohrplatte von oben gebohrt. Als nächstes wird die Bohrvorrichtung um 90° gedreht (möglichst gegen Anlageplatte um Umkippen zu verhindern). In dieser Aufspannung werden seitliche Bohrungen um 12 mm gebohrt und dieser Arbeitsgang wird noch einmal wiederholt, um die andere Bohrung auf der andere Werkstückseite einbringen zu können. Anschließend werden die beiden M8er Schrauben gelöst und das Werkstück entnommen. Als abschließender Arbeitsgang ist ein Entgraten der Bohrungen der Bohrungen nötig.

---

[4] vgl. N. N: SolidWorksLernunterlagen, onlien unter URL: http://www.google.de/search?hl=de&q=fertigung%20bohrvorrichtung&um=1&ie=UTF-8&sa=N&tab=pw Stand 11.06.2009

Wichtig nach jedem Arbeitsgang ist die Bohrplatte und Bohrvorrichtungen von Spänen zu befreien, damit die Auflageflächen der Vorrichtung parallel zur Maschinenplatte liegen können.

4.1.2   Fertigung der Bohrvorrichtung

Alle Vorrichtungsteile werden aus Werkszeugstahl mit Aufmaß gefertigt (Außr Gewinde, die schon fertig hergestellt sind). Danach werden alle Bauteile gehärtet und angelassen mit 58+/- 2 HRC. Anschließend werden alle Außenmaße/ Passbohrungen geschliffen. Danach erfolgt die Montage und Verstiftung aller Teile miteinander. Durch die gehärteten und geschliffenen Vorrichtungsteile ist eine sehr genau Fertigung möglich und die Vorrichtungsteile haben eine sehr hohe Lebensdauer. (durch Unempfindlichkeit gegen Druckstellen und Späne).

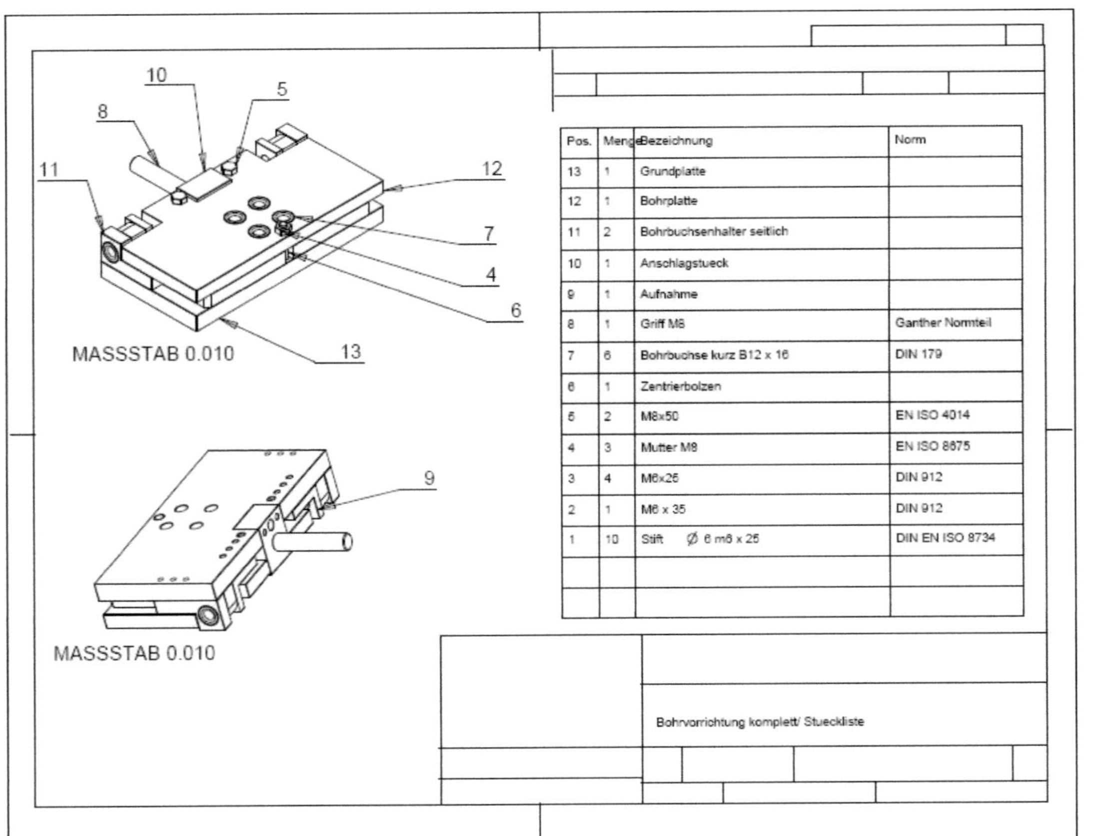

Pos.	Menge	Bezeichnung	Norm
13	1	Grundplatte	
12	1	Bohrplatte	
11	2	Bohrbuchsenhalter seitlich	
10	1	Anschlagstueck	
9	1	Aufnahme	
8	1	Griff M8	Ganther Normteil
7	6	Bohrbuchse kurz B12 x 16	DIN 179
6	1	Zentrierbolzen	
5	2	M8x50	EN ISO 4014
4	3	Mutter M8	EN ISO 8675
3	4	M6x25	DIN 912
2	1	M6 x 35	DIN 912
1	10	Stift $\varnothing$ 6 m6 x 25	DIN EN ISO 8734

Abbildung 8: Zeichnung Bohrvorrichtung komplett, Variante 2

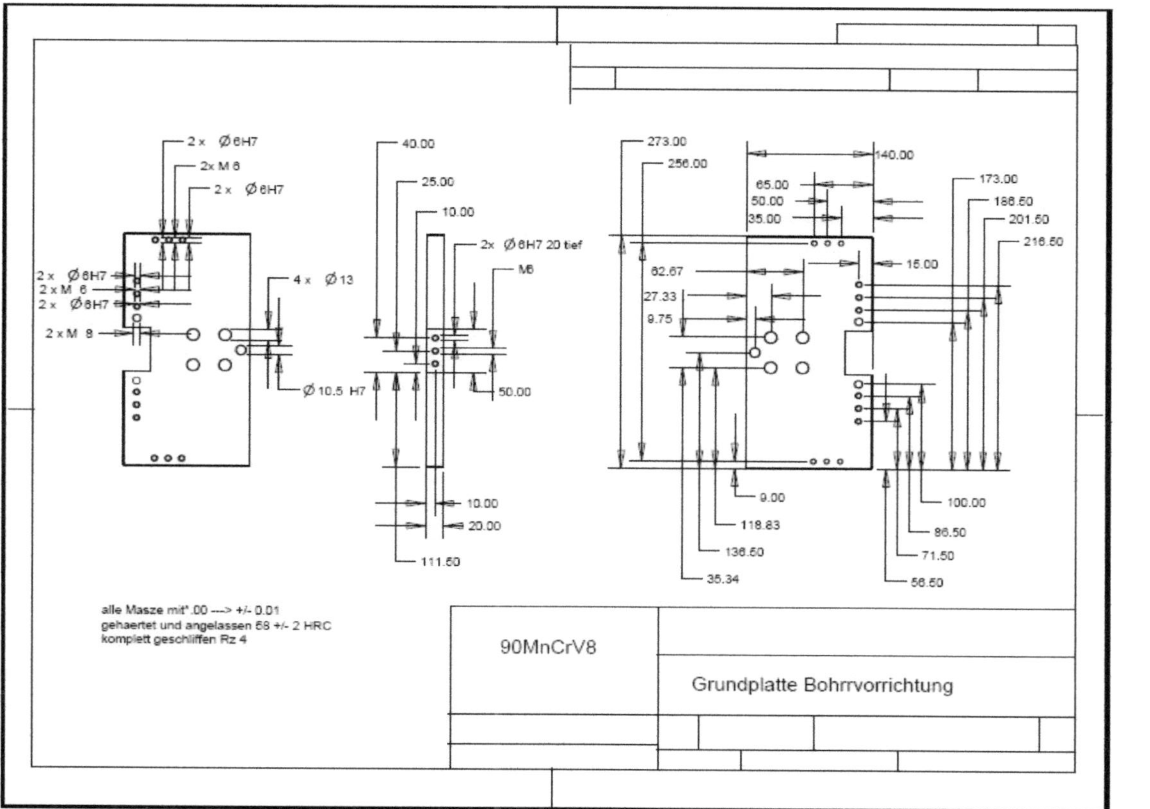

Abbildung 9: Grundplatte Version 2,

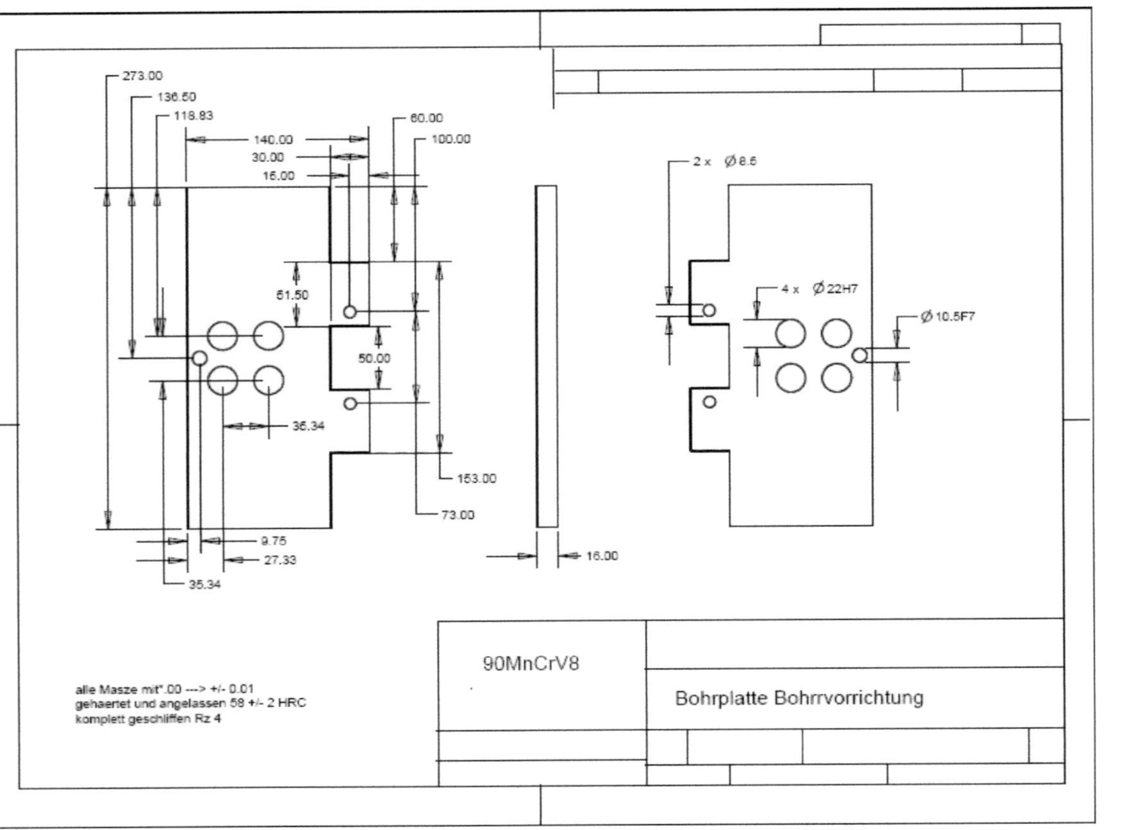

Abbildung 10: Zeichnung Bohrplatte, Variante 2

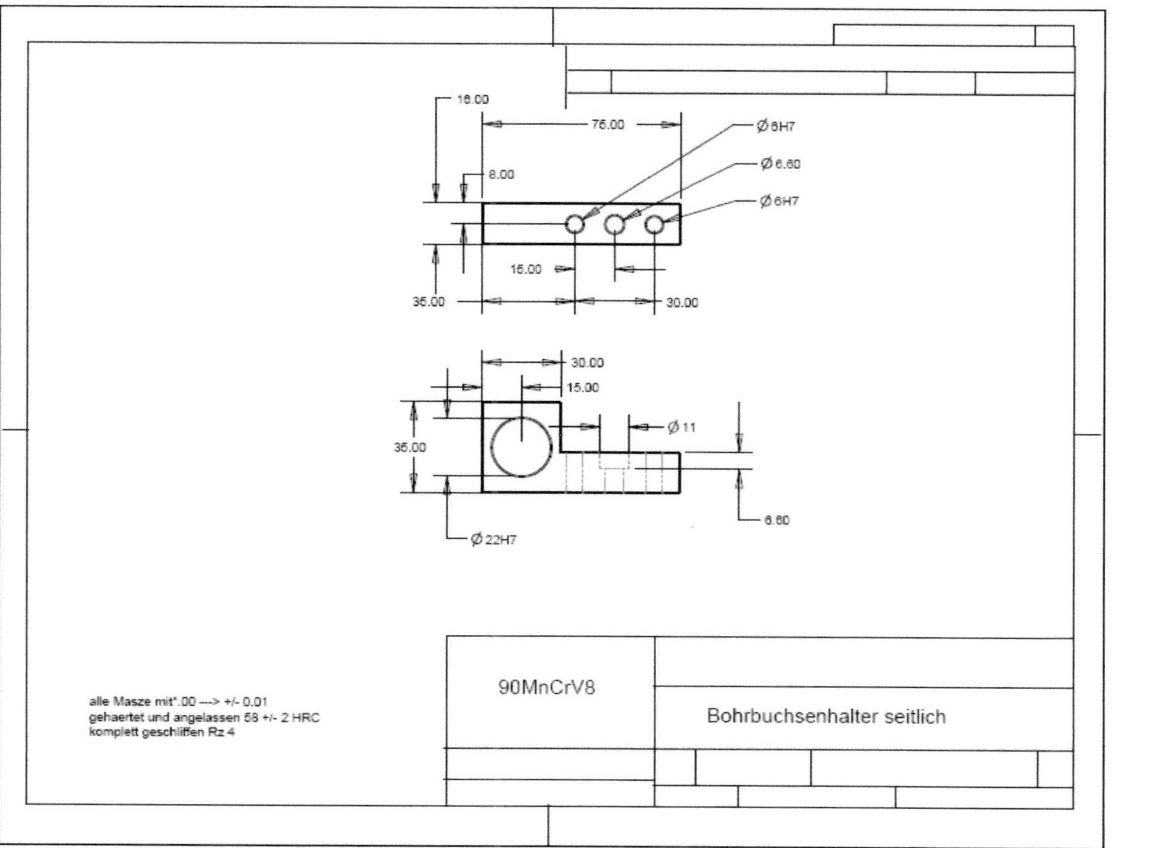

Abbildung 11: Zeichnung Bohrbuchsenhalter seitlich, Variante 2

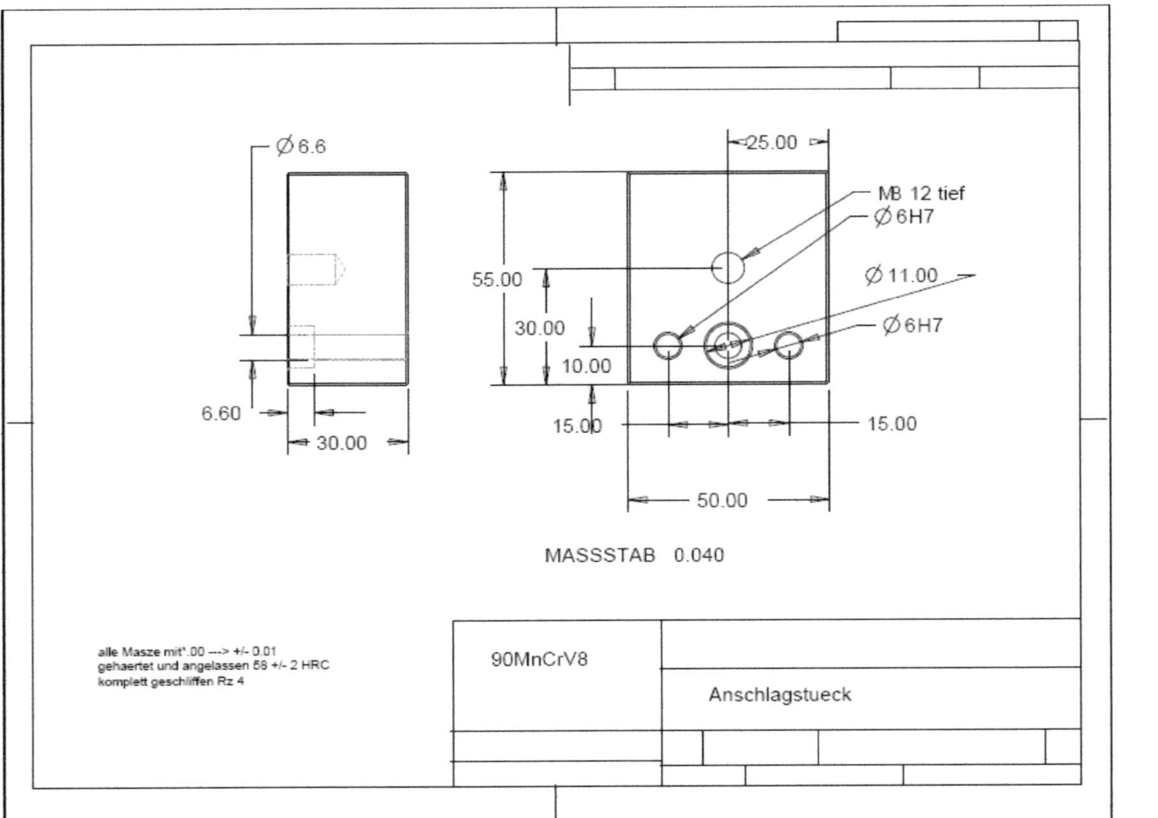

Abbildung 12: Zeichnung Anschlagstück, Variante 2

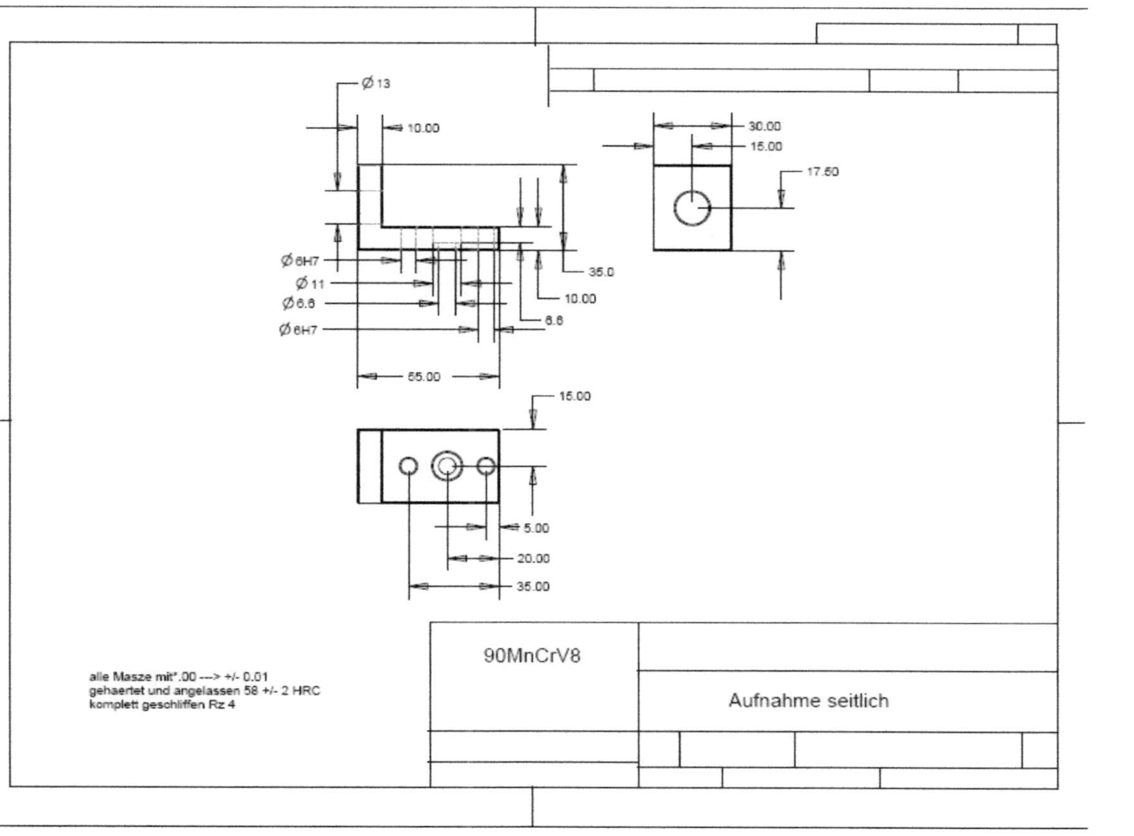

Abbildung 13: Zeichnung Aufnahme seitlich, Variante 2

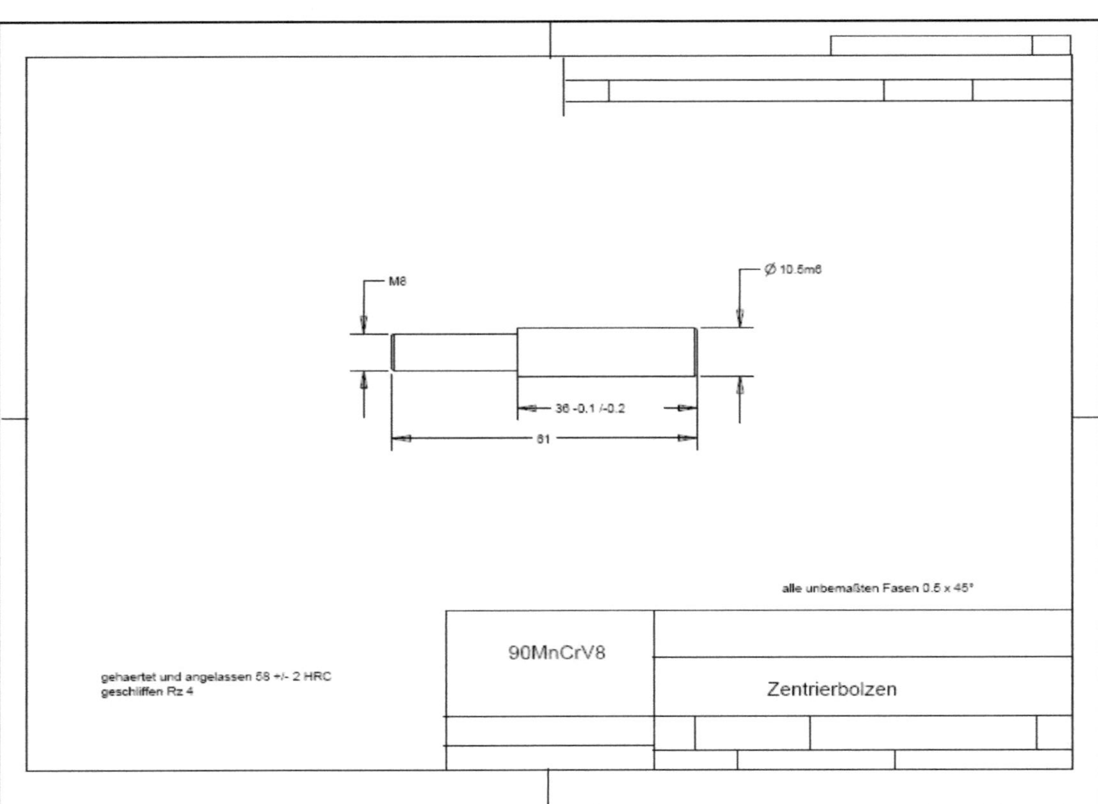

Abbildung 14: Zeichnung Zentrierbolzen, Variante 2

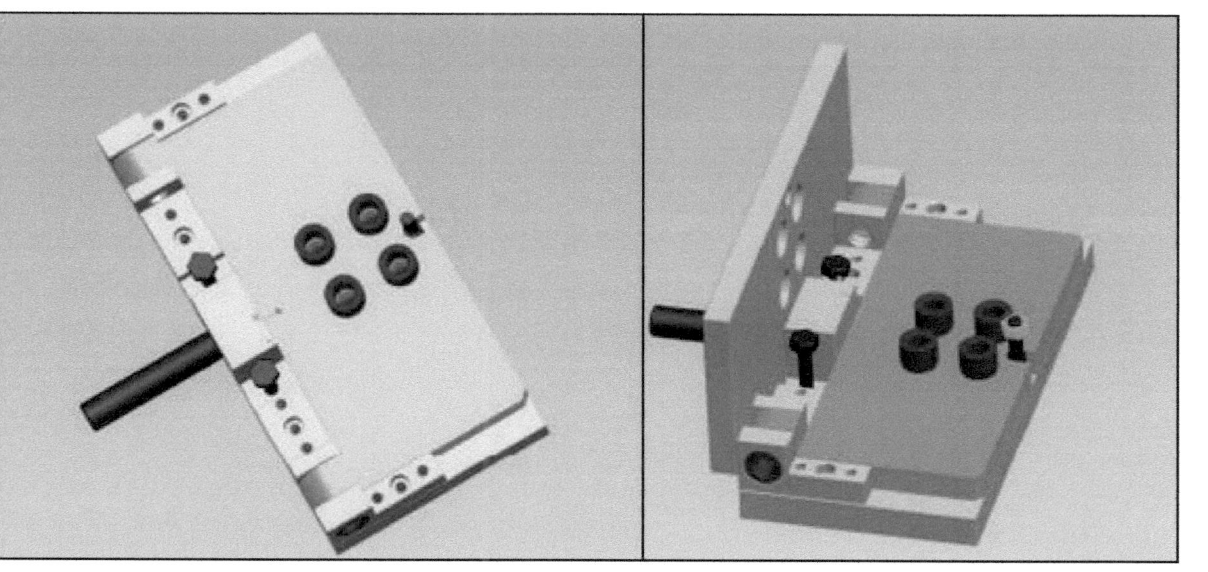

Abbildung 15: zeichnerische Darstellung, Bohrvorrichtung mit geöffnetem Deckel, Variante 2

5   Literatur

Bechmann, A.: Nutzwertanalyse, Bewertungstheorie und Planung (Beiträge zur Wirtschaftspolitik; Bd. 29). 1. Auflage, Bern Stuttgart: Paul Haupt Berne, 1978

Götze, U./Bloech, J.: Investitionsrechnung: Modelle und Analysen zur Beurteilung von Investitions-vorhaben. Berlin, Heidelberg, New York: Springer Verlag Berlin, 3. verb. und erw. Auflage, 2002

Ehrlenspiel, K., Kiewert, A., Lindemann, U.; Kostengünstig Entwickeln und Konstruieren: Kostenmanagement bei der integrierten Produktentwicklung, VDI-Buch, Springer Verlag, Berlin6., überarb. u. korr. Aufl., 2007

Theumert, H.; Fleischer, B.: Entwickeln, Konstruieren, Berechnen: Komplexe praxisnahe Beispiele mit   Lösungsvarianten. Studium 2., Vieweg+Teubner Verlag, Wiesbaden, verb. Aufl. XIII, 2009

Publikationen

Ziemann G.: Skripte Fertigungs- und Betriebsmittelkonstruktion, Einführung, HTW Berlin, 2009

Internet

N. N.: Die Nutzwertanalyse, online unter URL: http://rpkalf4.mach.uni-karlsruhe.de/~paral/MAP/ nnutzwertanalyse_b.html (Stand 15.08.2005)

N. N: SolidWorksLernunterlagen, onlien unter URL: http://www.google.de/search?hl=de&q= fertigung%20bohrvorrichtung&um=1&ie=UTF-8&sa=N&tab=pw Stand 11.06.2009